DEUTSCHE AKADEMIE DER WISSENSCHAFTEN ZU BERLIN

Veröffentlichungen des Geodätischen Instituts in Potsdam
Nr. 18

EIN GRAPHISCHES HILFSMITTEL ZUR GRAVIMETRISCHEN VERBESSERUNG ASTRONOMISCHER NIVELLEMENTS

Von

KURT ARNOLD

Mit 4 Abbildungen, 4 Tabellen und 1 Anlage

AKADEMIE-VERLAG · BERLIN
1961

Erschienen im Akademie-Verlag GmbH, Berlin W 8, Leipziger Straße 3—4

Lizenznummer: 202 · 100/740/61
Gesamtherstellung: VEB Druckerei „Thomas Müntzer" Bad Langensalza
Bestellnummer: 2016/18
Preis: DM 11,—
Printed in Germany
ES 19 C

In früheren Publikationen habe ich einen Weg zur Berechnung der gravimetrischen Verbesserung astronomischer Nivellements vorgeschlagen [1], [2], [3] Seite 66. Sind Θ_e die astronomisch-geodätischen Lotabweichungen in der Richtung des Geoidprofils und nach ihrer „ideellen" Reduktion auf das Meeresniveau, so gilt bekanntlich folgende Gleichung für das astronomische Nivellement

$$\Delta N_e = -\int_A^B \Theta_e \, ds \,.$$

Wenn man Θ_e nur im Anfangs- und Endpunkt (A und B) kennt, in den Zwischenpunkten aber Θ_e durch Interpolation mit Benutzung gravimetrischer Daten bestimmt, so gilt

$$\left.\begin{aligned} \Delta N_e &= -\frac{1}{2} S\,(\Theta_{s.A} + \Theta_{s.B}) + \Delta\bar{N}\,, \\ \Delta\bar{N} &= \Delta N_g + \frac{1}{2} S\,(\Theta_{g.A} + \Theta_{g.B}) + KG(\Delta\bar{N})\,, \\ KG(\Delta\bar{N}) &= KG(N)_B - KG(N)_A + \frac{1}{2} S\,[KG(\Theta)_A + KG(\Theta)_B]\,. \end{aligned}\right\} \qquad (1)$$

$\Theta_{s.A}$ und $\Theta_{s.B}$ sind die astronomisch-geodätischen Lotabweichungen an der Erdoberfläche, also ohne Reduktion wegen Lotkrümmung. $\Delta\bar{N}$ ist die an der üblichen Form des astronomischen Nivellements anzubringende „gravimetrische" Verbesserung. N_g und Θ_g ergeben sich aus Freiluftanomalien mittels der Formel von Stokes und Vening-Meinesz. $KG(N)$ bzw. $KG(\Theta)$ sind die „topographischen" Verbesserungen von N bzw. von Θ, vgl. [3] S. 61 bis 66. $KG(N)$ kann im Flachland vernachlässigt werden, im Mittelgebirge kann es Werte von 10 bis 20 cm erreichen und im Gebirge 1 bis 2 m groß sein [3]. $KG(N)$ ist also wegen der hohen Genauigkeit der astronomischen Nivellements und der astronomisch-geodätischen Lotabweichungen gegebenenfalls zu berücksichtigen. Die mittleren Fehler astronomisch-geodätischer Lotabweichungen können bis auf $\pm$ 0.″2 herabsinken, in verschiedenen Fällen aber $\pm$ 0.″5 und mehr erreichen, entsprechend der angewandten Beobachtungsgenauigkeit. Weil $KG(\Theta)$ schon im Mittelgebirge und in Punkten am Rande von höheren Gebirgen den Betrag 0.″5 erreichen und im Gebirge 1″ übersteigen kann, ist also jeweils zu prüfen, ob auch $KG(\Theta)$ bei der gravimetrischen Verbesserung $\Delta\bar{N}$ von Bedeutung ist.

Bei der Berechnung von $KG(N)$ empfiehlt sich die (u. a. auf der Bouguer-Reduktion beruhende) Beziehung

$$\frac{\bar{g} - \bar{\gamma}}{G} h_0 \cong (\Delta g_{F_{\text{mgal}}} - 0{,}113\, h_{0_{\text{meter}}}) \frac{h_0}{G}$$

für die Änderung der Undulation beim Übergang von der Erdoberfläche zum Meeresniveau.

Jene in $KG(\Delta\bar{N})$ enthaltene Komponente, die sich als Zusatzglied bei den Freiluftanomalien interpretieren läßt, errechnet sich als

$$\Delta_1 = \frac{1}{2\pi G}\iint \frac{1}{r}\left[KG(\Delta g_F)_B - KG(\Delta g_F)_A\right] dF - \\ - \frac{S}{4\pi G}\iint \frac{1}{r^2}\cos\alpha\left[KG(\Delta g_F)_A + KG(\Delta g_F)_B\right] dF\,,$$

wobei $KG(\Delta g_F)_A$ relativ zum Punkt A die gleiche Lage hat, wie $KG(\Delta g_F)_B$ relativ zum Punkt B. Δ_1 läßt sich also mit jenen Schablonen errechnen, mit denen man das Integral von STOKES bzw. das von VENING-MEINESZ zu berechnen pflegt. Es folgt

$$KG(\Delta N) = \Omega_B - \Omega_A + \Delta_1 + \Phi^\circ_{*\cdot B} - \Phi^\circ_{*\cdot A} + \frac{1}{2} S\left[\delta_{2\cdot A} + \delta_{2\cdot B}\right],$$

$$\Omega = \frac{\bar{g} - \bar{\gamma}}{G} h_0\,,$$

$$\Phi^\circ_* = -\frac{1}{4\pi G}\iint \frac{\partial \Delta g_F}{\partial r}\zeta^2\, dF\,,$$

$$\delta_2 = \frac{1}{2\pi G}\iint h^2\left(\frac{\partial \Delta g_F}{\partial x}\begin{Bmatrix}\Gamma^*_{21}\\ \Gamma^*_{22}\end{Bmatrix} + \frac{\partial \Delta g_F}{\partial y}\begin{Bmatrix}\Gamma^*_{22}\\ \Gamma^*_{21}\end{Bmatrix}\right) dF\,.$$

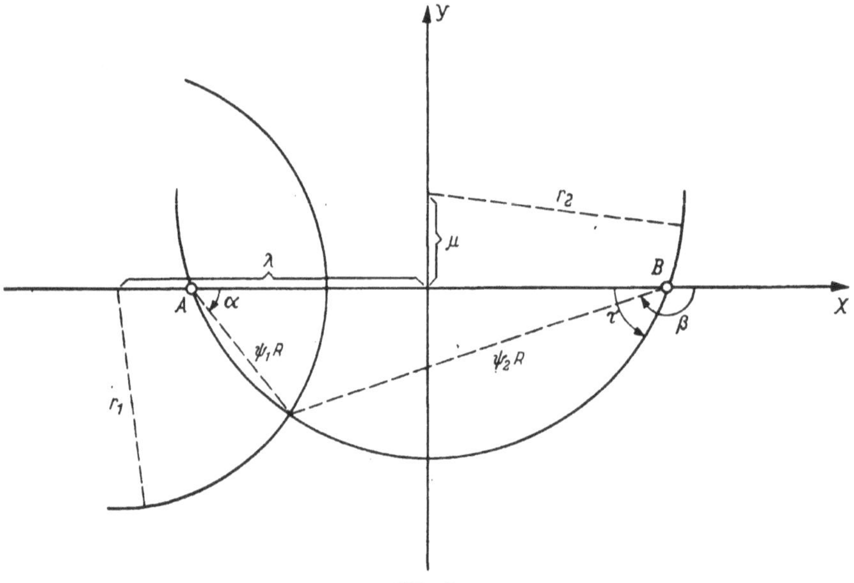

Abb. 1

In der vorliegenden Schrift soll nun eine günstige Möglichkeit zur Berechnung der gravimetrischen Verbesserung angegeben werden.

Es war

$$\Delta\bar{N} = \frac{1}{2\pi G}\int\limits_{\tau=0^\circ}^{360^\circ}\left\{\int\limits_{\lambda=-\infty}^{-1} + \int\limits_{\lambda=+1}^{+\infty}\right\}\Delta g_F\left[\frac{1}{\psi_2 R} - \frac{1}{\psi_1 R} - \frac{x+1}{(\psi_1 R)^3} - \frac{x-1}{(\psi_2 R)^3}\right] x^2\, d\tau\, d\lambda + KG(\Delta\bar{N})\,.$$

Hier stützen wir uns also auf ein Bipolarkoordinatensystem (τ, λ) oder (μ, λ) oder (r_2, r_1), vgl. Abb. 1. Die beiden Pole A und B liegen symmetrisch zur y-Achse und mit den Abszissen -1 und $+1$ auf der x-Achse.

Die wichtigsten Beziehungen waren [1], [2]:

$$r_1^2 = \lambda^2 - 1\ ; \qquad r_2^2 = \mu^2 + 1\ ,$$

$$\mu = -\operatorname{cotg}\tau\ ; \qquad d\mu = \frac{1}{\sin^2\tau}\,d\tau\ ,$$

Flächenelement: $dF = dx\,dy = x^2\,d\tau\,d\lambda$.

Für das Weitere empfiehlt es sich, λ bzw. r_1 durch eine Größe ζ

$$\zeta = 2{,}302\,6\log r_1 - 0{,}8\,r_1 + 0{,}112\,5\,r_1^2$$

zu ersetzen.

Wegen

$$d\lambda = Z\cdot d\zeta\ ,$$

$$Z = \frac{1}{\lambda}\cdot\frac{r_1^2}{1 - 0{,}8\,r_1 + \frac{9}{40}r_1^2}\ ,$$

und weil wir abkürzend schreiben wollen

$$\Xi = \left[\frac{1}{\psi_2 R} - \frac{1}{\psi_1 R} - \frac{x+1}{(\psi_1 R)^3} - \frac{x-1}{(\psi_2 R)^3}\right]x^2\cdot Z\ ,$$

folgt schließlich

$$\Delta\bar{N} = \frac{1}{2\pi G}\iint \Delta g_F\,\Xi\,d\tau\,d\zeta + KG(\Delta\bar{N})\ .$$

Das vorstehende Integral für die „gravimetrische“ Verbesserung astronomischer Nivellements werten wir numerisch aus. In der Nähe der Pole wird der Integrand singulär. Daher scheiden wir die Pole zunächst aus und umgeben sie beide mit der Parameterlinie $\lambda = \pm\,1{,}001\,25$, also jeweils mit einem Kreis vom Radius $r_1 = 0{,}05$, wenn die Strecke $\overline{AB} = S$ wieder gleich der doppelten Längeneinheit ist. Außerhalb der beiden Kreise $r_1 = 0{,}05$ um die Pole A und B integrieren wir folgendermaßen:

Die (τ, ζ)-Ebene wird in Flächenelemente Δf_i zerlegt. Mit

$$0{,}1185\,p_i = \iint\limits_{\Delta f_i} \Xi\,d\tau\,d\zeta$$

folgt für das $\Delta\bar{N}$ bestimmende Integral, wenn $(\Delta g_F)_i$ der Mittelwert der Freiluftanomalie in dem Bereich Δf_i ist:

$$\frac{0{,}1185}{4\pi G}\cdot S\cdot\sum_i(\Delta g_F)_i\,p_i + KG(\Delta\bar{N})\ .$$

Die p_i sind gewissermaßen als die Gewichte der Freiluftanomalien aufzufassen. Die Flächenelemente Δf_i wurden so gewählt, daß zwei der vier sie begrenzenden Bogenstücke der Kreisschar $r_1 = \text{const}$ angehören. Ferner treten fast nur die Gewichte $\pm\,p_i = 2$; 1,25; 1; 0,5; 0,25 auf, von wenigen Ausnahmen entlang den Linien $\Xi = 0$, $x = 0$ abgesehen.

Die Anlage 1 zeigt die Aufteilung der (τ, ζ)-Ebene in die Flächenelemente Δf_i. Sie ist als Grundlage für die Auswertungen zum Zwecke der Bestimmung der „gravimetrischen“ Verbesserung des astronomischen Nivellements geschaffen worden. Der linke Pol ist der Punkt A, der rechte der Punkt B. In der Tabelle 1 sind die den einzelnen Flächenelementen zukommenden Gewichte p_i verzeichnet. In Tabelle 2 sind die Koordinaten der Eckpunkte dieser Flächenelemente, also der Knotenpunkte des in der Anlage 1 dargestellten Netzes, angegeben. Abb. 2 gibt einen Überblick über die räumliche Verteilung der Knotenpunkte.

Wenden wir uns nunmehr der Integration um die engere Umgebung der beiden Pole A und B zu. In der in Anlage 1 dargestellten Schablone hatten wir die Kreise mit dem Radius $r_1 = 0{,}05$ bzw. $r_1 = 0{,}025\cdot S$ herausgesondert (S = Abstand der Punkte A, B).

Innerhalb dieser beiden Kreise wird man für die Freiluftanomalien wohl immer in genügender Annäherung eine lineare Funktion annehmen können:

$$\Delta g_A \cong \Delta g_{0 \cdot A} + \frac{\partial \Delta g}{\partial x} x + \frac{\partial \Delta g}{\partial y} y \, .$$

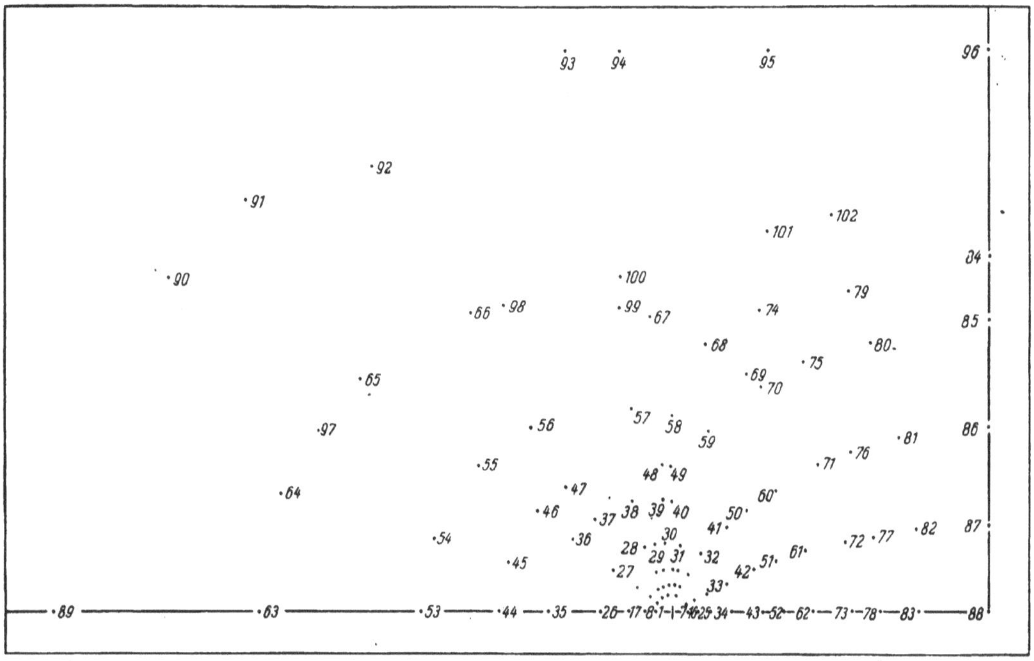

Abb. 2

Ein analoger Ausdruck gilt in der Umgebung des Punktes B. Setzen wir diesen Ausdruck in das Integral für $\Delta \overline{N}$ ein, so entstehen elliptische Integrale, die sich durch Reihenentwicklungen lösen lassen. Die ziemlich umfangreichen Rechnungen ergaben

$$\begin{aligned}
\delta[\Delta \overline{N}]_A^B = \left(\frac{\Delta g_F}{G}\right)_A S\left[-\frac{3}{4}\varrho + \frac{3}{4}\varrho^2 + \frac{3}{32}\varrho^3 - \frac{27}{32}\varrho^4 + \cdots\right]_A + \\
+ \left(\frac{\partial \Delta g_F}{G\, \partial x}\right)_A S^2\left[-\frac{1}{4}\varrho + \frac{17}{32}\varrho^3 - \frac{1}{2}\varrho^4 + \cdots\right]_A + \\
+ \left(\frac{\Delta g_F}{G}\right)_B S\left[\frac{3}{4}\varrho - \frac{3}{4}\varrho^2 - \frac{3}{32}\varrho^3 + \frac{27}{32}\varrho^4 - \cdots\right]_B + \\
+ \left(\frac{\partial \Delta g_F}{G\, \partial x}\right)_B S^2\left[-\frac{1}{4}\varrho + \frac{17}{32}\varrho^3 - \frac{1}{2}\varrho^4 + \cdots\right]_B ,
\end{aligned}$$

$$\varrho_{A,B} = \left(\frac{r_1}{S}\right)_{A,B} ,$$

$(r_1)_{A,B}$: Radius des exzentrisch zu den Polen gelegenen Kreises.

In allen in der Praxis vorkommenden Beispielen wird sein $\varrho \ll 1$, so daß die Reihenentwickelungen für $\delta \Delta \overline{N}$ nach Potenzen von ϱ gut konvergieren. Die Schablone in der Anlage 1 hat als kleinste Kreise um die beiden Pole solche mit dem Radius $r_1 \frac{2}{S} = 0{,}05$. Es ist hier also $\varrho = 0{,}025$, weil $S = 2$.

Sind die Punkte A und B in der Natur nicht sehr weit voneinander entfernt oder ist das Feld der Schwereanomalien einigermaßen regelmäßig, so kann man möglicherweise auch bei $\varrho > 0{,}025$ für die Schwereanomalien eine lineare Funktion in den zentralen Kreisen mit dem Radius $r_1 = \varrho \cdot S$ angeben. Bei den genannten Voraussetzungen kann man also die Auswertearbeiten erleichtern und vereinfachen, wenn man die bei den Polen gelegenen Kreise nicht mit $\varrho = 0{,}025$ wählt, sondern ihnen eine größere Fläche gibt und sie nicht durch den kleinsten Kreis der Schar $r_1 = \text{const}$ der Schablone (Anlage 1) begrenzt. Die Summe

$$\sum_i (\Delta g_F)_i\, p_i$$

ist dann nur über die Kompartimente zu erstrecken, die außerhalb dieses Kreises $r_1 = \text{const}$ liegen. Daher sind die Radien der in der Schablone auftretenden Kreise der Schar $r_1 = \text{const}$ in Tabelle 3 angegeben. In diesem Sinne kommen also die vier kleinsten Kreise der Schar $r_1 = \text{const}$ der Schablone für eine mehr flexible Anwendung der Schablone in Frage.

$r_1 \cdot \frac{2}{S}$	a	b
0,0500	+1,86	+0,636
0,0792	2,91	1,01
0,1262	4,52	1,60
0,2033	6,97	2,53
0,3381		
0,4482		
0,6190		
0,9412		
1,2745		
2,1668		

Halten wir uns streng an die Schablone, so gilt mit $r_1 = 0{,}05$, $\varrho = 0{,}025$ für die gravimetrische Verbesserung des astronomischen Nivellements die folgende Formel in Verbindung mit der ersten Zeile der nebenstehenden Tabelle

$$\Delta\bar{N} = 0{,}961 \cdot S \cdot 10^{-8} \sum_i (\Delta g_F)_i\, p_i + a \cdot S \cdot 10^{-8}\,[-(\Delta g_F)_A + (\Delta g_F)_B] -$$

$$- b \cdot S^2 \cdot 10^{-8}\left[\left(\frac{\partial}{\partial x}\right)_A + \left(\frac{\partial}{\partial x}\right)_B\right]\Delta g_F + KG(\Delta\bar{N}) \qquad (2)$$

$$(\Delta g_F \text{ in mgal}).$$

In dieser Tabelle sind auch die Werte der Konstanten a und b für die nächsten drei Kreise r_1 angegeben. Diese Werte werden also nach obigem gebraucht, wenn innerhalb dieser Kreise die Freiluftanomalien durch einen linearen Ausdruck dargestellt werden können.

*

Um eine Kontrolle für die vorstehende Formel (2) zu haben, wurde sie auf ein Beispiel angewandt. Die Differenz der Undulationen zweier Punkte des in [3] Seite 41 behandelten Geländemodells wurde durch ein astronomisch-gravimetrisches Nivellement ermittelt. Als Punkt A wurde der a. a. O., Abb. 13, mit P_2 bezeichnete Aufpunkt eingeführt. Der Punkt B lag 90 km von diesem Punkt entfernt. Aus dem Geländemodell leiteten sich folgende Daten ab:

$$(N_\sigma)_A = +\,2{,}55\ \text{m}\ ; \qquad (N_\sigma)_B = +\,0{,}82\ \text{m}\ ;$$

$$(\Theta_\sigma)_A = 0''\ ; \qquad (\Theta_\sigma)_B = +\,1{,}''71\ ;$$

$$S = 90\,000\ \text{m}\ ;$$

$$\Delta g_{F_A} = +\,85\ \text{mgal}\ ; \qquad \Delta g_{F_B} = +\,2\ \text{mgal}\ ;$$

$$\left(\frac{\partial \Delta g_F}{\partial x}\right)_A = 0\ ; \qquad \left(\frac{\partial \Delta g_F}{\partial x}\right)_B = -\,0{,}07\ \text{mgal}\,\text{km}^{-1}.$$

Gleichung (2) wurde mit $\sum_i (\Delta g_F)_i\, p_i = -\,1509$ mgal,

$\Delta\bar{N} = -\,1{,}30\ \text{m} - 0{,}14\ \text{m} + 0{,}004\ \text{m} + KG(\Delta\bar{N})$.

Weil bei dem Geländemodell die Topographie und die Schwereanomalien rotationssymmetrisch in bezug auf den Punkt A sind und die o. a. Werte für N_σ in den Punkten A und B sich auf die Oberfläche σ des Modells beziehen, fallen die Korrektionsglieder fort oder sie sind genügend klein, um vernachlässigt werden zu können.

Die Kontrollgleichung (1) gestaltet sich folgendermaßen

$$-1{,}73\ \text{m} = -0{,}37\ \text{m} - 1{,}44\ \text{m} = -1{,}81\ \text{m}$$

und wird mit der Differenz 8 cm innerhalb der Genauigkeit von $\Delta\overline{N}$ erfüllt.

Schließlich wurde noch ein aus der geodätischen Praxis herausgegriffenes Beispiel für die Verbesserung des astronomischen Nivellements mittels der Auswertung von Schweremessungen behandelt. Aus der A. Galle zu verdankenden Bearbeitung des Geoids im Harz [7], [8], [3] Seite 17, greifen wir den Punkt Jerxheim ($\varphi = 52°05'$, $\lambda = 28°32'$) als Punkt A und den Punkt Nordhausen ($\varphi = 51°30'$, $\lambda = 28°28'$) als Punkt B heraus. Die an der Erdoberfläche beobachteten astronomisch-geodätischen Lotabweichungskomponenten im Profil AB sind

$$\Theta_{s \cdot A} = -3{,}''03 \pm 0{,}''1\ ; \qquad \Theta_{s \cdot B} = -0{,}''14 \pm 0{,}''1\ .$$

Die Entfernung der beiden Punkte A und B ist

$$S = 64\,830\ \text{m}\ .$$

Für die Ermittelung der gravimetrischen Verbesserung $\Delta\overline{N}$ nach Formel (2) fanden wir $\left(\text{bei } r_1 \cdot \frac{2}{S} = 0{,}05,\ a = +\,1{,}86,\ b = +\,0{,}636\right)$ mittels der Schablone (Anlage 1)

$$\sum_i (\Delta g_F)_i\, p_i = +\,1967\ \text{mgal}\ ,$$

$$(\Delta g_F)_A = +\,11\ \text{mgal}\ , \qquad (\Delta g_F)_B = +\,35\ \text{mgal}\ ,$$

$$\left(\frac{\partial}{\partial x}\right)_A \Delta g_F = -\,0{,}0011\ \text{mgal m}^{-1}\ , \qquad \left(\frac{\partial}{\partial x}\right)_B \Delta g_F = -\,0{,}0007\ \text{mgal m}^{-1}\ .$$

Es folgt

$$-\frac{1}{2} S\,(\Theta_{s \cdot A} + \Theta_{s \cdot B}) = +\,0{,}495\ \text{m} \pm 0{,}02\ \text{m}\ .$$

Die einzelnen Glieder der Gleichung (2) werden

$$\Delta\overline{N} = +\,1{,}225\ \text{m} + 0{,}029\ \text{m} + 0{,}046\ \text{m} + KG(\Delta\overline{N}) = +\,1{,}300\ \text{m}\ .$$

Die Endpunkte A und B liegen nur etwa 200 m über dem Meeresspiegel; die Korrektionen $KG(N)$ und $KG(\Theta)$ für diese Punkte sind kleiner als 1 cm bzw. 0,''1 und werden vernachlässigt.

Mit Gleichung (1) folgt

$$\Delta N_e = +\,0{,}495 + 1{,}300\ \text{m} = +\,1{,}80\ \text{m}\ .$$

A. Galle fand etwa $\Delta N_e = +\,1{,}85$ m, die Differenz ist gleich 0,05 m und von der Größenordnung des zu erwartenden zufälligen Fehlers.

*

Schließlich wurde noch eine andere Schablone zur Berechnung der gravimetrischen Verbesserung astronomischer Nivellements entworfen. In Abb. 3 ist ein Quadrant dieser Schablone dargestellt. Diese zweite Schablone zeichnet sich gegenüber der nach Anlage 1 vor allem durch ihre kleinere Maschenweite aus. Doch dürfte die einfachere Schablone nach Anlage 1 für die Anwendungen bequemer sein und in den meisten Fällen die Summe

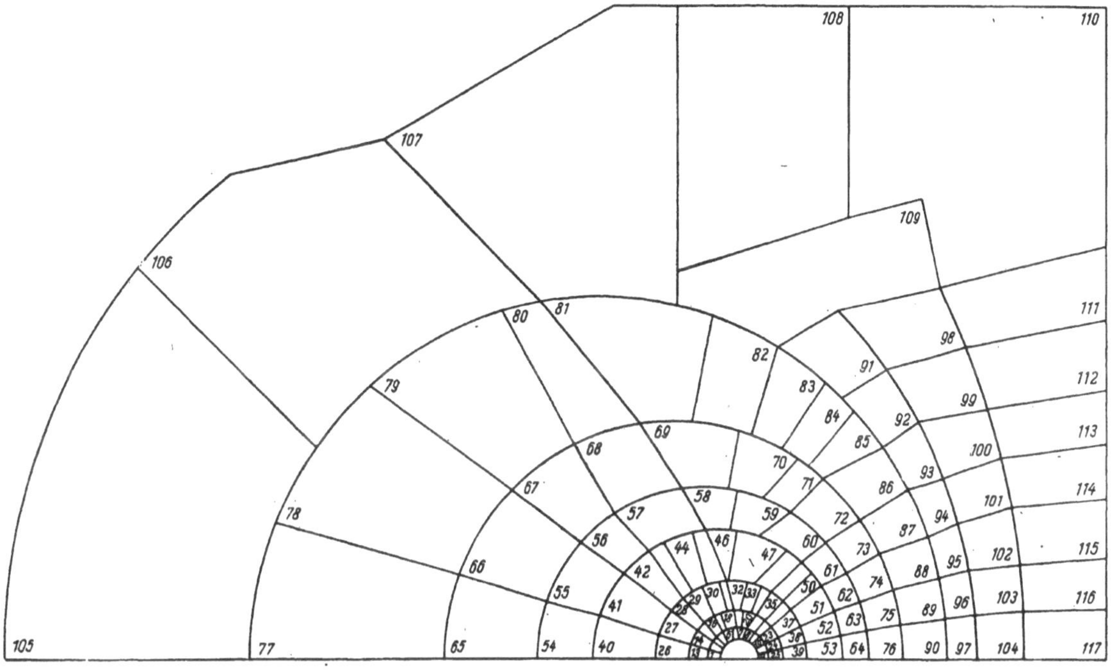

Abb. 3

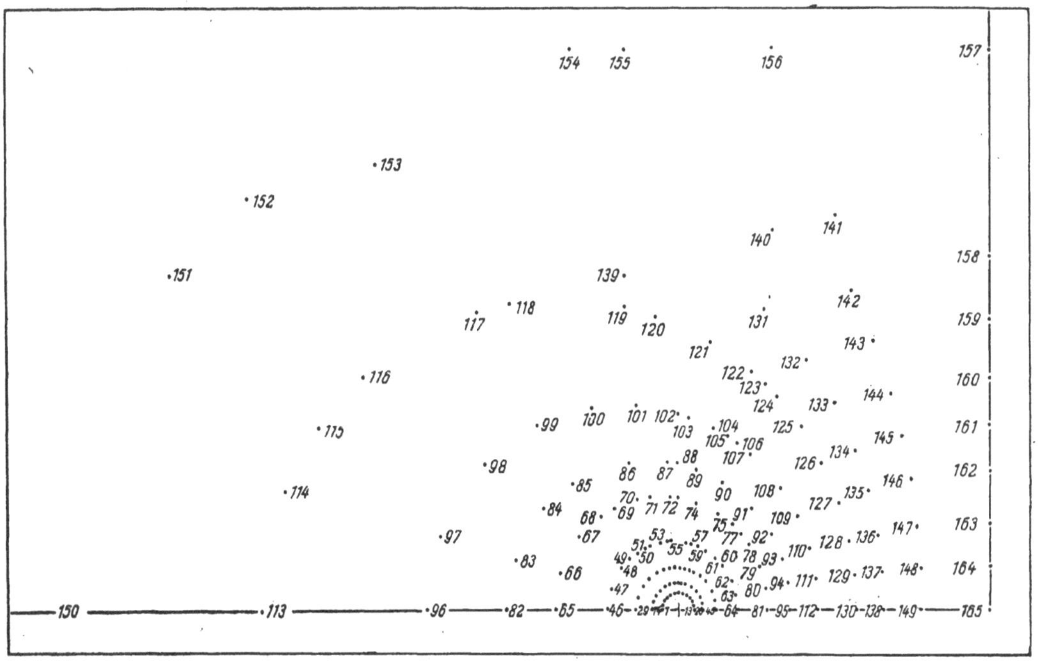

Abb. 4

$\sum_i (\Delta g_F)_i\, p_i$ in genügender Genauigkeit zu ermitteln gestatten. Bei den oben durchgerechneten beiden numerischen Beispielen wurde — wie gesagt — die Schablone nach Anlage 1 benutzt. Die Schar der Kreise $r_1 = \text{const}$ in Abb. 3 ist identisch mit der analogen Kreisschar in Anlage 1. In der Tabelle 3 sind die Koordinaten der Knotenpunkte nach Abb. 3 verzeichnet. Tabelle 4 enthält die Gewichte der einzelnen Flächenelemente der Schablone nach Abb. 3.

*

Ähnliche Schablonen zur Ermittelung der gravimetrischen Verbesserung der astronomischen Nivellements sind auch von anderen Autoren vorgeschlagen worden [6], [9], nämlich solche, die die Ebene durch rechtwinklige, geradlinige Koordinatenlinien bzw. durch konfokale Ellipsen- und Hyperbelscharen aufteilen. Beim ersten Fall arbeitet man weitgehend mit konstanten „Gewichten“, beim zweiten Fall hat jedes Kompartiment eines Quadranten ein anderes „Gewicht“.

Die hier veröffentlichte Schablone dürfte übersichtlicher und ihre Benutzung einfacher sein.

Gegen die Verwendung solcher Schablonen hat man eingeworfen, daß bei ihnen der Abstand der beiden Pole konstant sei, während ihr tatsächlicher Abstand von Beispiel zu Beispiel sich verändert. Die so notwendig werdenden Vergrößerungen und Verkleinerungen der beiliegenden transparenten Folie lassen sich allerdings recht einfach ausführen und stellen keine wesentliche Komplikation dar.

Will man diese Vergrößerungen und Verkleinerungen umgehen, so muß man auf die durch die Verwendung der beiliegenden Schablone gebotenen Erleichterungen verzichten, für die Endpunkte des Profils A und B und für zahlreiche Zwischenpunkte die gravimetrischen Lotabweichungen errechnen, die Unterschiede des astronomisch-geodätischen und des gravimetrischen Lotabweichungssystems ermitteln, die gravimetrischen Lotabweichungen in astronomisch-geodätische überführen und bei Vernachlässigung der Lotkrümmungsreduktion die Differentialgleichung des astronomischen Nivellements integrieren, was mehr Arbeit verursacht und auch weniger genau ist.

Freilich erhält man bei der letztgenannten Methode auch mehr detaillierte Angaben über das Geoidprofil zwischen den Punkten A und B. Vielleicht werden sich beide Methoden recht gut ergänzen.

Literatur

[1] Arnold, K.: Beiträge zur gravimetrischen Geodäsie. Veröff. d. Geod. Inst. Potsdam (Dt. Akad. d. Wiss. Berlin) Nr. 11 (1956).

[2] Arnold, K.: Über die Verbesserung astronomischer Nivellements durch Auswertung von Schweremessungen. In: Veröff. d. Dt. Geod. Komm. bei der Bayer. Akad. d. Wiss. Nr. B, 42 II, München 1957.

[3] Arnold, K.: Numerische Beispiele zur strengen Theorie der Figur der Erde. Veröff. d. Geod. Inst. Potsdam (Dt. Akad. d. Wiss. Berlin) Nr. 16 (1960).

[4] Bokun, J.: Détermination des écartements entre le géoide et l'ellipsoide de Krassovsky en Pologne avec l'utilisation des données astronomiques, géodésiques et gravimétriques. Veröff. d. Geod. Komm. b. d. Polnischen Akademie d. Wiss., Warschau 1960.

[5] Burša, M.: Astronomisch-gravimetrisches Nivellement in der Tschechoslowakischen Republik. Traveaux géophysiques Nr. 99, Praha 1959.

[6] Fan Czjun: Schema für Berechnungen beim astronom.-gravimetrischen Nivellement. Scientia Sinica Vol. VII, Nr. 12 (1958) und Acta Geodetica et Cartographica Sinica, Vol. III, Heft 3/4 (1959) Peking.

[7] Galle, A.: Lotabweichungen im Harz. Veröff. d. Königl. Preuß. Geodätischen Instituts in Potsdam, Neue Folge Nr. 36, Berlin 1908.

[8] Galle, A.: Das Geoid im Harz. Veröff. d. Königl. Preuß. Geodätischen Instituts in Potsdam, Neue Folge Nr. 61, Berlin 1914.

[9] Molodensky, M. S.: Bestimmung der Gestalt des Geoids unter gemeinsamer Anwendung astronom.-geodät. Lotabweichungen und Schwerestörungen. Verh. d. Balt. Geod. Komm., Helsinki 1936.

Tabelle 1

Verzeichnis der Gewichte der Flächenelemente
in der Schablone nach Anlage 1 nebst Rechenformular.

Flächen Nr.	Gewichte						
	2	1,25	1	0,5	0,25		*p*
A 1	+						
A 2			+				
A 3				+			
A 4							—0,03
A 5	—						
A 6	—						
A 7	—						
A 8	—						
A 9							—0,03
A 10				+			
A 11			+				
A 12	+						
A 13	+						
A 14		+					
A 15							+0,16
A 16					—		
A 17	—						
A 18	—						
A 19	—						
A 20	—						
A 21					—		
A 22							+0,16
A 23		+					
A 24	+						
A 25	+						
A 26		+					
A 27							—0,05
A 28				—			
A 29	—						
A 30	—						
A 31	—						
A 32	—						
A 33				—			
A 34							—0,05
A 35		+					
A 36	+						
A 37	+						
A 38			+				
A 39							+0,05
A 40			—				
A 41	—						
A 42	—						
A 43	—						
A 44	—						
A 45			—				
A 46							+0,05
A 47			+				
A 48	+						
A 49		+					
A 50							+0,12
A 51							—0,75
A 52			—				
A 53			—				

Tabelle 1 (Fortsetzung)

Flächen Nr.	Gewichte						
	2	1,25	1	0,5	0,25		*p*
A 54			—				
A 55			—				
A 56							—0,75
A 57							+0,12
A 58		+					
A 59				+			
A 60				+			
A 61					+		
A 62							+0,03
A 63			—				
A 64			—				
A 65			—				
A 66			—				
A 67			—				
A 68			—				
A 69							+0,03
A 70					+		
A 71				+			
A 72				+			
A 73				+			
A 74				+			
A 75					+		
A 76							—0,11
A 77				—			
A 78			—				
A 79			—				
A 80			—				
A 81			—				
A 82			—				
A 83			—				
A 84				—			
A 85							—0,11
A 86					+		
A 87				+			
A 88				+			
A 89				—			
A 90				—			
A 91				—			
A 92				—			
A 93				—			
A 94				—			
A 95				—			
A 96				—			
A 97				—			
A 98				—			
A 99				—			
A 100				—			
A 101				—			
A 102				—			
A 103							—0,21
A 104							—0,40
A 105							—0,41
A 106							—0,41
A 107							—0,41
A 108							—0,41

Tabelle 1 (Fortsetzung)

Flächen Nr.	Gewichte						
	2	1,25	1	0,5	0,25		p
A 109							—0,40
A 110							—0,21
A 111				+			
A 112					+		
A 113					—		
A 114				—			
A 115				—			
A 116				—			
A 117				—			
A 118				—			
A 119				—			
A 120					—		
A 121					+		
A 122				+			

Flächen Nr.	Gewichte						
	2	1,25	1	0,5	0,25		p
B 1	—						
B 2			—				
B 3				—			
B 4							+0,03
B 5	+						
B 6	+						
B 7	+						
B 8	+						
B 9							+0,03
B 10				—			
B 11			—				
B 12	—						
B 13	—						
B 14		—					
B 15							—0,16
B 16					+		
B 17	+						
B 18	+						
B 19	+						
B 20	+						
B 21					+		
B 22							—0,16
B 23		—					
B 24	—						
B 25	—						
B 26		—					
B 27							+0,05
B 28				+			
B 29	+						
B 30	+						
B 31	+						
B 32	+						
B 33				+			
B 34							+0,05

Tabelle 1 (Fortsetzung)

Flächen Nr.	Gewichte						
	2	1,25	1	0,5	0,25		*p*
B 35		—					
B 36	—						
B 37	—						
B 38			—				
B 39							—0,05
B 40			+				
B 41	+						
B 42	+						
B 43	+						
B 44	+						
B 45			+				
B 46							—0,05
B 47			—				
B 48	—						
B 49		—					
B 50							—0,12
B 51							+0,75
B 52			+				
B 53			+				
B 54			+				
B 55			+				
B 56							+0,75
B 57							—0,12
B 58		—					
B 59				—			
B 60				—			
B 61					—		
B 62							—0,03
B 63			+				
B 64			+				
B 65			+				
B 66			+				
B 67			+				
B 68			+				
B 69							—0,03
B 70					—		
B 71				—			
B 72				—			
B 73				—			
B 74				—			
B 75					—		
B 76							+0,11
B 77				+			
B 78			+				
B 79			+				
B 80			+				
B 81			+				
B 82			+				
B 83			+				
B 84				+			
B 85							+0,11
B 86					—		
B 87				—			
B 88				—			
B 89				+			

Tabelle 1 (Fortsetzung)

Flächen Nr.	Gewichte						
	2	1,25	1	0,5	0,25		p
B 90				+			
B 91				+			
B 92				+			
B 93				+			
B 94				+			
B 95				+			
B 96				+			
B 97				+			
B 98				+			
B 99				+			
B 100				+			
B 101				+			
B 102				+			
B 103							+0,21
B 104							+0,40
B 105							+0,41
B 106							+0,41
B 107							+0,41
B 108							+0,41
B 109							+0,40
B 110							+0,21
B 111				—			
B 112					—		
B 113					+		
B 114				+			
B 115				+			
B 116				+			
B 117				+			
B 118				+			
B 119				+			
B 120					+		
B 121					—		
B 122				—			

Tabelle 2

Verzeichnis der Koordinaten der Knotenpunkte in der Schablone nach Anlage 1

Lfd. Nr.	x	y	Lfd. Nr.	x	y	Lfd. Nr.	x	y
1	—1,0512	—	35	—1,3937	—	69	—0,7683	0,7210
2	—1,0433	0,0270	36	—1,3111	0,2214	70	—0,7246	0,6819
3	—1,0303	0,0407	37	—1,2433	0,2812	71	—0,5435	0,4442
4	—1,0170	0,0475	38	—1,1278	0,3303	72	—0,4565	0,2130
5	—0,9923	0,0492	39	—1,0275	0,3369	73	—0,4321	—
6	—0,9578	0,0248	40	—1,0074	0,3346	74	—0,7297	0,9120
7	—0,9513	—	41	—0,8324	0,2539	75	—0,5952	0,7577
8	—1,0824	—	42	—0,7427	0,1279	76	—0,4371	0,4744
9	—1,0686	0,0446	43	—0,7175	—	77	—0,3674	0,2351
10	—1,0459	0,0667	44	—1,5441	—	78	—0,3455	—
11	—1,0339	0,0730	45	—1,5183	0,1498	79	—0,4492	0,9706
12	—1,0168	0,0780	46	—1,4266	0,3024	80	—0,3774	0,8117
13	—0,9953	0,0788	47	—1,3363	0,3783	81	—0,2846	0,5267
14	—0,9822	0,0764	48	—1,0336	0,4439	82	—0,2341	0,2498
15	—0,9338	0,0383	49	—1,0059	0,4391	83	—0,2196	—
16	—0,9239	—	50	—0,7675	0,3050	84	—	1,0769
17	—1,1341	—	51	—0,6738	0,1510	85	—	0,8851
18	—1,1107	0,0732	52	—0,6476	—	86	—	0,5618
19	—1,0519	0,1182	53	—1,7951	—	87	—	0,2633
20	—1,0332	0,1236	54	—1,7549	0,2194	88	—	—
21	—0,9993	0,1259	55	—1,6117	0,4398	89	—2,9800	—
22	—0,9899	0,1249	56	—1,4441	0,5580	90	—2,6177	1,0165
23	—0,9546	0,1143	57	—1,1290	0,6172	91	—2,3683	1,2616
24	—0,8957	0,0576	58	—1,0012	0,5938	92	—1,9563	1,3524
25	—0,8818	—	59	—0,8882	0,5480	93	—1,3380	1,7000
26	—1,2237	—	60	—0,6768	0,3660	94	—1,1657	1,7000
27	—1,1813	0,1243	61	—0,5847	0,1829	95	—0,7000	1,7000
28	—1,0883	0,1916	62	—0,5571	—	96	—	1,7000
29	—1,0561	0,2001	63	—2,3144	—	97	—2,1370	0,5500
30	—1,0306	0,2030	64	—2,2451	0,3546	98	—1,5325	0,9276
31	—0,9799	0,1992	65	—1,9930	0,7083	99	—1,1657	0,9180
32	—0,9168	0,1748	66	—1,6370	0,9035	100	—1,1657	1,0128
33	—0,8366	0,0867	67	—1,0732	0,8921	101	—0,7000	1,1500
34	—0,8172	—	68	—0,8971	0,8119	102	—0,5000	1,2000

Tabelle 3

Verzeichnis der Koordinaten der Knotenpunkte in der Schablone nach Abb. 3 (Vgl. Abb. 4)

Lfd. Nr.	x	y	Lfd. Nr.	x	y	Lfd. Nr.	x	y
1	—1,0512	—	56	—0,9799	0,1992	111	—0,5637	0,0903
2	—1,0494	0,0136	57	—0,9627	0,1949	112	—0,5571	—
3	—1,0433	0,0270	58	—0,9424	0,1877	113	—2,3144	—
4	—1,0378	0,0341	59	—0,9168	0,1748	114	—2,2451	0,3546
5	—1,0303	0,0407	60	—0,8849	0,1514	115	—2,1370	0,5500
6	—1,0170	0,0475	61	—0,8641	0,1299	116	—1,9930	0,7083
7	—1,0024	0,0500	62	—0,8366	0,0867	117	—1,6370	0,9035
8	—0,9923	0,0492	63	—0,8218	0,0432	118	—1,5325	0,9276
9	—0,9765	0,0434	64	—0,8172	—	119	—1,1657	0,9180
10	—0,9679	0,0372	65	—1,3937	—	120	—1,0732	0,8921
11	—0,9578	0,0248	66	—1,3747	0,1115	121	—0,8971	0,8119
12	—0,9528	0,0123	67	—1,3111	0,2214	122	—0,7683	0,7210
13	—0,9513	—	68	—1,2433	0,2812	123	—0,7246	0,6819
14	—1,0824	—	69	—1,2032	0,3041	124	—0,6891	0,6464
15	—1,0792	0,0222	70	—1,1278	0,3303	125	—0,6116	0,5529
16	—1,0686	0,0446	71	—1,0921	0,3361	126	—0,5435	0,4442
17	—1,0600	0,0552	72	—1,0275	0,3369	127	—0,4887	0,3216
18	—1,0459	0,0667	73	—1,0074	0,3346	128	—0,4565	0,2130
19	—1,0339	0,0730	74	—0,9457	0,3197	129	—0,4381	0,1067
20	—1,0168	0,0780	75	—0,8747	0,2856	130	—0,4321	—
21	—1,0059	0,0792	76	—0,8324	0,2539	131	—0,7297	0,9120
22	—0,9953	0,0788	77	—0,8039	0,2257	132	—0,5952	0,7577
23	—0,9822	0,0764	78	—0,7781	0,1931	133	—0,5073	0,6215
24	—0,9604	0,0667	79	—0,7427	0,1279	134	—0,4371	0,4744
25	—0,9485	0,0573	80	—0,7235	0,0633	135	—0,3968	0,3580
26	—0,9338	0,0383	81	—0,7175	—	136	—0,3674	0,2351
27	—0,9262	0,0190	82	—1,5441	—	137	—0,3507	0,1157
28	—0,9239	—	83	—1,5183	0,1498	138	—0,3455	—
29	—1,1341	—	84	—1,4266	0,3024	139	—1,1657	1,0128
30	—1,1286	0,0369	85	—1,3363	0,3783	140	—0,7000	1,1500
31	—1,1107	0,0732	86	—1,1527	0,4446	141	—0,5000	1,2000
32	—1,0941	0,0922	87	—1,0336	0,4439	142	—0,4492	0,9706
33	—1,0698	0,1100	88	—1,0059	0,4391	143	—0,3774	0,8117
34	—1,0519	0,1182	89	—0,9424	0,4211	144	—0,3203	0,6528
35	—1,0332	0,1236	90	—0,8647	0,3840	145	—0,2846	0,5267
36	—1,0146	0,1260	91	—0,7675	0,3050	146	—0,2562	0,3966
37	—0,9993	0,1259	92	—0,7093	0,2268	147	—0,2341	0,2498
38	—0,9899	0,1249	93	—0,6738	0,1510	148	—0,2232	0,1252
39	—0,9696	0,1202	94	—0,6541	0,0759	149	—0,2196	—
40	—0,9546	0,1143	95	—0,6476	—	150	—2,9800	—
41	—0,9327	0,1013	96	—1,7951	—	151	—2,6177	1,0165
42	—0,9164	0,0868	97	—1,7549	0,2194	152	—2,3683	1,2616
43	—0,8957	0,0576	98	—1,6117	0,4398	153	—1,9563	1,3524
44	—0,8851	0,0289	99	—1,4441	0,5580	154	—1,3380	1,7000
45	—0,8818	—	100	—1,2671	0,6123	155	—1,1657	1,7000
46	—1,2237	—	101	—1,1290	0,6172	156	—0,7000	1,7000
47	—1,2142	0,0616	102	—1,0012	0,5938	157	—	1,7000
48	—1,1813	0,1243	103	—0,9675	0,5828	158	—	1,0769
49	—1,1530	0,1541	104	—0,8882	0,5480	159	—	0,8851
50	—1,1293	0,1716	105	—0,8438	0,5222	160	—	0,7022
51	—1,1010	0,1866	106	—0,8148	0,5026	161	—	0,5618
52	—1,0883	0,1916	107	—0,7746	0,4711	162	—	0,4203
53	—1,0561	0,2001	108	—0,6768	0,3660	163	—	0,2633
54	—1,0360	0,2027	109	—0,6227	0,2774	164	—	0,1317
55	—1,0306	0,2030	110	—0,5847	0,1829	165	—	—

Tabelle 4

Verzeichnis der Gewichte der Flächenelemente in der Schablone nach Abb. 3 nebst Rechenformular

Flächen Nr.	Gewichte				
	1	0,5	0,25		p
1	+				
2	+				
3		+			
4		+			
5		+			
6					+0,08
7					—0,11
8		—			
9		—			
10	—				
11	—				
12	—				
13	+				
14	+				
15		+			
16		+			
17			+		
18					+0,21
19					—0,05
20			—		
21		—			
22		—			
23	—				
24	—				
25	—				
26	+				
27	+				
28		+			
29		+			
30			+		
31					+0,03
32					—0,08
33			—		
34			—		
35		—			
36		—			
37	—				
38	—				
39	—				
40	+				
41	+				
42		+			
43			+		
44			+		
45					+0,08
46					—0,03
47		—			
48		—			
49		—			
50		—			
51	—				
52	—				
53	—				

Tabelle 4 (Fortsetzung)

Flächen Nr.	Gewichte				
	1	0,5	0,25		*p*
54		+			
55		+			
56			+		
57					+0,19
58					—0,07
59			—		
60		—			
61		—			
62		—			
63		—			
64		—			
65		+			
66		+			
67			+		
68					+0,14
69					—0,11
70			—		
71			—		
72		—			
73		—			
74		—			
75		—			
76		—			
77		+			
78		+			
79			+		
80					+0,04
81					—0,15
82			—		
83			—		
84			—		
85			—		
86		—			
87		—			
88		—			
89		—			
90		—			
91			—		
92			—		
93			—		
94			—		
95			—		
96			—		
97			—		
98			—		
99			—		
100			—		
101			—		
102			—		
103			—		
104			—		
105		+			
106			+		
107			—		
108		—			

Tabelle 4 (Fortsetzung)

Flächen Nr.	Gewichte				
	1	0,5	0,25		p
109		—			
110		—			
111					—0,21
112					—0,23
113					—0,17
114					—0,22
115					—0,19
116					—0,20
117					—0,21

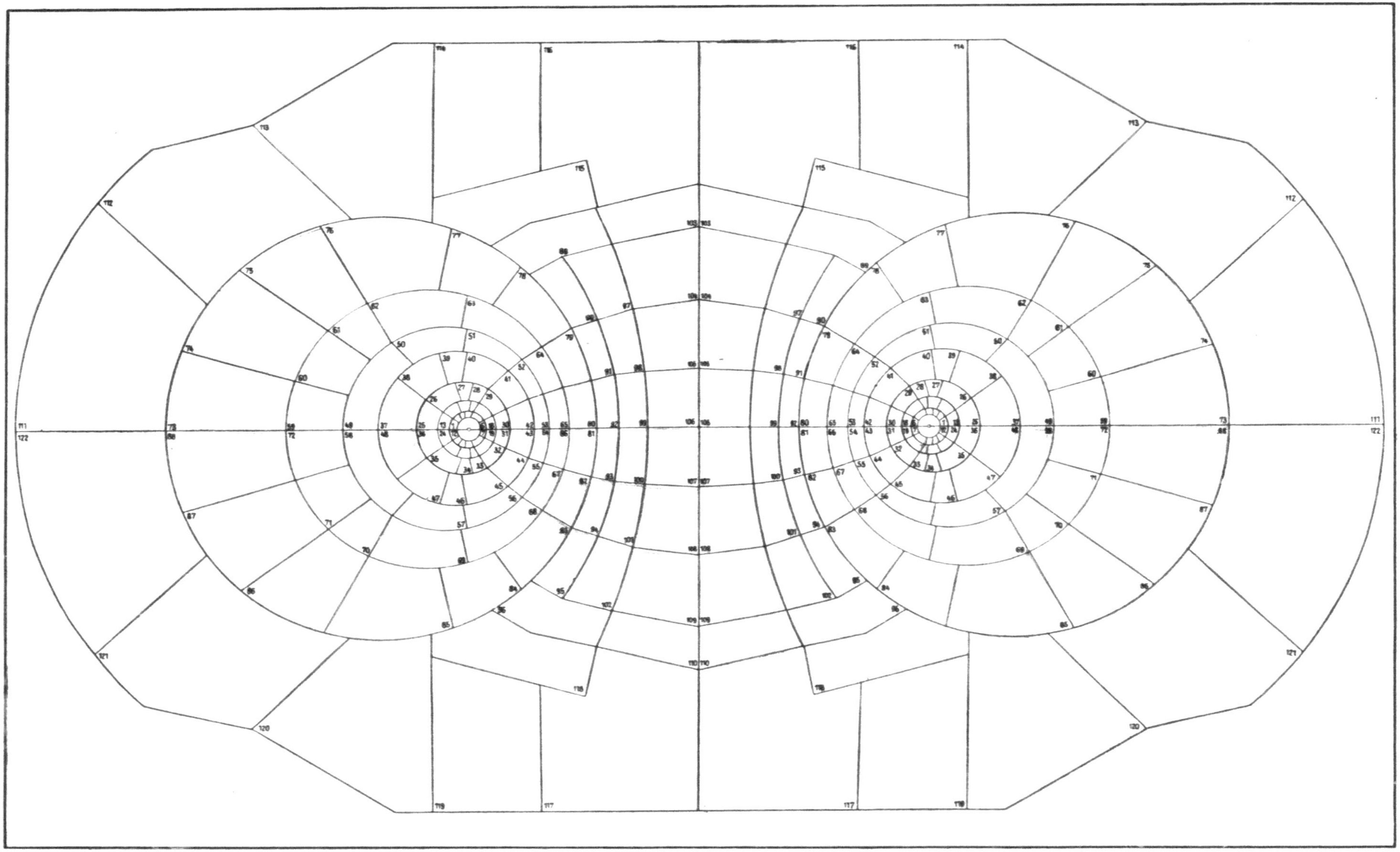

Anlage 1

FSC
www.fsc.org
MIX
Papier | Fördert
gute Waldnutzung
FSC® C083411

Kolibri 360 GmbH
Ferdinand-Jühlke-Straße 7
99095 Erfurt, Deutschland
produktsicherheit@kolibri360.de